AF404570

NOTE

sur quelques expériences de physique

nécessitées par l'étude de la

Harpe Chromatique
sans Pédales

(Système G. Lyon breveté)

par

M. R. CANAT DE CHIZY

Ancien élève de l'École Polytechnique

Ingénieur de MM. PLEYEL WOLFF LYON et Cⁱᵉ

PLEYEL WOLFF LYON et Cⁱᵉ
22, rue Rochechouart, 22
PARIS

NOTE

sur quelques expériences de physique

nécessitées par l'étude de la

Harpe Chromatique sans Pédales

(Système G. Lyon)

par M. R. CANAT DE CHIZY

Ancien élève de l'Ecole Polytechnique

Ingénieur de MM. PLEYEL WOLFF LYON et Cⁱᵉ

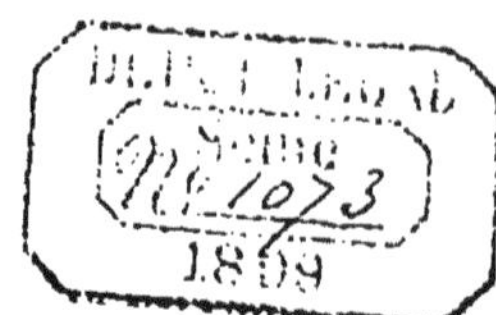

Lorsque M. G. Lyon, chef de la maison Pleyel Wolff Lyon et Cⁱᵉ, voulut créer une harpe plus moderne, plus pratique, se prêtant mieux aux exigences de la musique actuelle que les harpes jusqu'alors connues, il s'arrêta à un type dit *chromatique sans pédales*. La suppression des 7 pédales qui dans les autres harpes permettent de donner 3 notes avec une même corde, entraina l'adjonction de cordes nouvelles de façon à en avoir autant en tout que de notes pour obtenir l'instrument complet. Inutile d'insister ici sur la disposition de toutes ces cordes en deux nappes se coupant suivant une certaine courbe contenant l'une les notes naturelles, l'autre les dièses du piano; la figure 1 en donnera suffisamment l'idée.

Pour savoir quelle forme affecterait un semblable instrument, il fallait connaitre la longueur la meilleure à donner à chaque note afin que l'on pût être sûr de pouvoir trouver une corde de boyaux produisant cette note dans les meilleures conditions de sonorité et de solidité.

La première idée fut de profiter de l'expérience acquise et

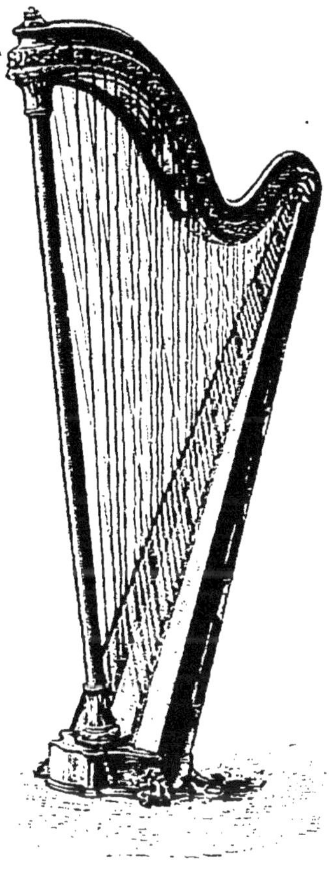

Fig. 1

de relever les longueurs et diamètres des cordes ordinairement employées. Ces relevés opérés sur un grand nombre de harpes à pédales donnèrent des résultats peu concordants et ne présentant surtout aucune continuité d'un bout à l'autre de l'instrument. La raison en est que dans les harpes à pédales, une des causes principales de la rupture des cordes tient au manque d'équilibre de l'instrument et à ce fait que celles-ci sont très rapidement mais inégalement détériorées par les mouvements que commandent les pédales, d'où la nécessité d'employer des cordes résistant d'abord à cette cause de détérioration; celle-ci toute locale est variable avec le réglage de chaque fourchette de torsion et amène par suite le harpiste à changer la grosseur de la corde d'une note donnée suivant les besoins de sa harpe. Ces relevés ne purent donc donner que de vagues indications; il fallut serrer la question de plus près.

On sait qu'étant donné une note à produire par une corde de longueur déterminée et de poids connu, il est facile par la formule des vibrations transversales des cordes de savoir quelle tension il faut donner.

Cette formule est en effet :

$$P = \frac{n^2\, l\, p}{g}$$

ou P représente le poids tenseur en kilogs.

 n le nombre de vibrations simples par seconde.

 l la longueur de la corde en mètres.

 p le poids en kilogs de la portion vibrante de la corde.

 g l'accélération due à la pesanteur.

On sait aussi par la formule de Savart qu'une corde vibre d'autant mieux que sa tension est plus voisine de la limite de rupture.

Le problème consistait donc :

1° à trouver exactement jusqu'à quelle limite de tension on peut employer avec sécurité une corde de grosseur donnée;

2° à connaître le poids par mètre courant d'une corde tendue à cette limite, et dont le diamètre au repos est connu. Ce dernier point tient naturellement aux allongements consi-

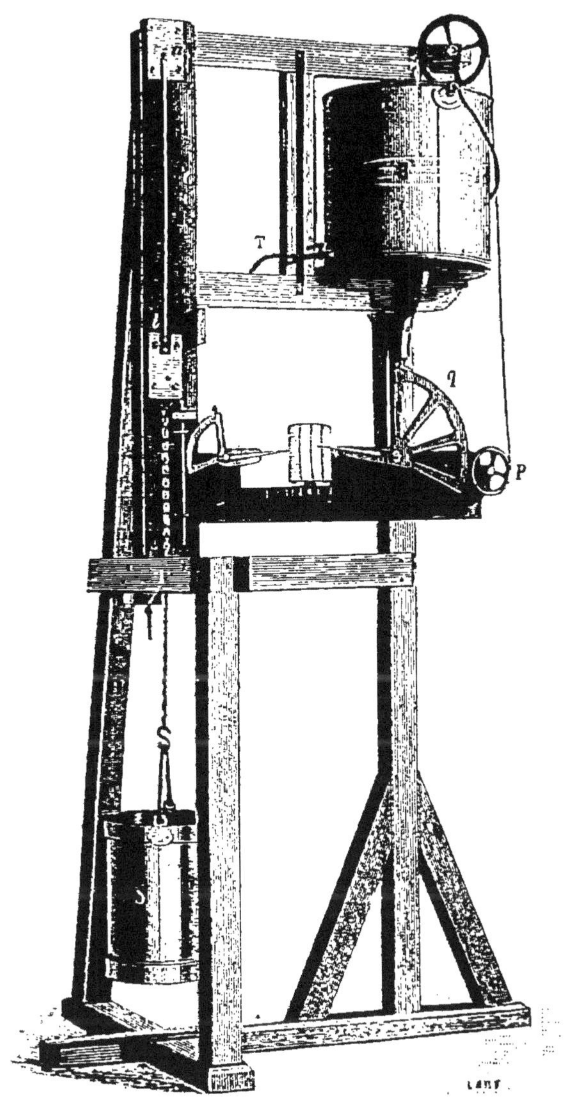

Fig. 2

dérables constatés à première vue sur une corde en boyaux.

Pour résoudre ce problème je fus chargé d'étudier un appareil destiné à enregistrer les allongements successifs que prend une corde en boyaux sous la tension d'un poids croissant d'une manière continue.

Cet appareil (fig. 2) construit à l'usine Pleyel Wolff Lyon et Cie, est basé sur le principe de l'enregistrement simultané des allongements et de la tension sur une même feuille d'inscription placée sur un cylindre enregistreur tournant de Richard. La tension est obtenue par l'écoulement de l'eau provenant du réservoir R dans un récipient S suspendu à la corde.

La corde a b est attachée d'une part à un point fixe a, de l'autre à une cheville b fixée à une pièce portant le récipient S au moyen d'une chaine. Cette pièce appuie par un taquet réglable sur une petite plateforme reliée par un fil à un secteur circulaire portant une plume; celle-ci enregistre sur le cylindre la variation de hauteur de la petite plateforme, et par suite les allongements de la corde.

Le réservoir R est cylindrique et de diamètre connu. Un flotteur relié par un fil à un secteur q portant aussi une plume permet à celle-ci d'inscrire sur le même cylindre mais du côté diamétralement opposé à la première plume, les variations du niveau de l'eau du réservoir et par suite le poids de l'eau écoulée.

Les plumes portent des encres de deux couleurs pour faciliter la lecture des feuilles d'inscription.

Chargé du service technique de la maison Pleyel Wolff Lyon et Cie, je ne pus songer à faire moi-même les nombreuses expériences que nécessitait cette étude. L'exécution en fut confiée à un de nos jeunes camarades de l'Ecole Polytechnique, M. Larronde, dont l'esprit méthodique et patient sut parfaitement mener à bien, sous ma direction, ce travail long et délicat.

835 expériences furent faites sur une quantité de cordes de

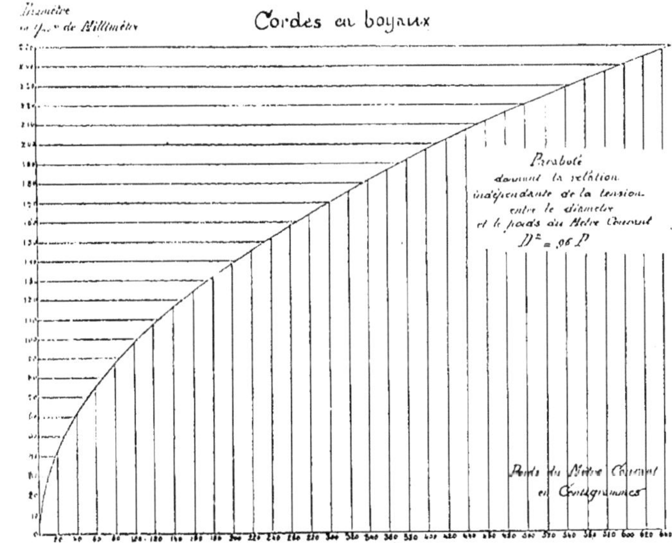

Diamètre
en 1/10e de Millimètre
Cordes en boyaux
Parabole
donnant la relation
indépendante de la tension
entre le diamètre
et le poids du Mètre Courant
$D^2 = {,}06\, P$
Poids du Mètre Courant
en Centigrammes

tous diamètres et de toute provenance, et nous permirent de suite d'observer que là, comme pour les aciers pour cordes de pianos, nous n'avions pas à être tributaires de l'étranger et que la fabrication française tenait aussi le premier rang.

La première conclusion fut que les boyaux pouvaient être employés avec sécurité jusqu'à 18 kilogs par mm. carré de section.

Les autres conclusions furent résumées au moyen de courbes dont les variables sont les tensions absolues et les longueurs sous tension, lues sur les diagrammes; et les diamètres sous tension mesurés au cours des expériences, à cela près que les longueurs sous tension sont remplacées par le poids du mètre sous tension qui s'en déduit en divisant le poids du mètre courant au repos par la longueur sous tension, en supposant, ce qui est évident, que le poids de l'échantillon ne varie pas pendant l'expérience.

On a constaté d'abord qu'à un diamètre donné correspond une valeur unique du poids par mètre courant, la même quelle que soit la tension. Les points représentatifs sont en effet groupés le long d'une même parabole dont l'équation est $D^2 = 96\,P$ (D étant le diamètre en centièmes de mm. et P le poids par mètre en centigrammes).

Cette courbe est représentée figure 3.

On a construit ensuite les courbes des diamètres sous tension d'après lesquelles on voit par exemple qu'une corde de 180 centièmes au repos n'a plus que 164 centièmes sous 65 kilogs de tension; puis on a déduit de ces courbes celles des poids par mètre sous tension d'après la parabole.

D'après ces dernières courbes on voit par exemple qu'une corde pesant 4 gr. par mètre au repos ne pèserait sous la tension de 67 kilogs pour une longueur d'un mètre que 3 gr. 27. Si donc on a besoin, pour produire une note donnée sous une tension de 67 kilogs, d'une corde pesant 3 gr. 27 par mètre, il faut prendre une corde pesant 4 gr. par mètre au

$$- 8 -$$

repos, et dont le diamètre donné par la parabole serait 206 centièmes.

Le calcul permet d'arriver à quelques conclusions.

Soient. P le poids en centigrammes du mètre courant sous une tension donnée.

D le diamètre en centièmes de millimètre à la même tension.

d la densité correspondante.

l l'allongement en millimètres correspondant de 1 mètre de corde.

De même P_0 le poids du mètre courant sans tension et par suite le poids à une tension quelconque d'un échantillon ayant primitivement 1 mètre.

D_0 le diamètre initial.

d_0 la densité initiale.

A la tension où le diamètre est D, la section en millimètres carrés est :

$$\frac{\pi}{4}\left(\frac{D}{100}\right)^2$$

et le volume en millimètres cubes

$$1000\,\frac{\pi}{4}\left(\frac{D}{100}\right)^2$$

Le poids est donc en milligrammes pour 1 mètre de corde sous tension :

$$1000\,\frac{\pi}{4}\left(\frac{D}{100}\right)^2 d$$

et on a par suite

$$10\,P = 1000\,\frac{\pi}{4}\left(\frac{D}{100}\right)^2 d \quad \text{ou} \quad P = \frac{\pi D^2}{400} d$$

Sans tension on a de même

$$P_o = \frac{\pi \, D_o^2}{400} \, d_o$$

Or nous avons vu que $D^2 = 96\,P$ et $D_o^2 = 96\,P_o$, on en conclut que $d = d_o$

La densité reste donc constante sous tension.

Cette densité est donnée par la formule

$$\frac{400}{\pi d} = 96 \quad \text{d'où } d = 1,326.$$

résultat qui vérifie pleinement les mesures directes de densité que nous avons effectuées.

Un point était aussi très intéressant à étudier, celui de l'action de l'humidité sur les cordes de boyaux.

Si l'on soumet une corde de boyaux tendue à l'action d'un mouillage, en l'entourant de coton imbibé d'eau, le poids tenseur restant d'ailleurs constant, elle s'allonge. Si on la laisse s'allonger jusqu'à refus, et qu'on enlève le coton pour la laisser sécher, elle continue à s'allonger pendant le séchage. A partir de ce moment, si on soumet ultérieurement la corde à des mouillages et à des séchages, les phénomènes ne sont plus les mêmes; tout mouillage autre que le premier cause un raccourcissement, et un séchage consécutif à ce mouillage donne un allongement qui compense sensiblement ce raccourcissement.

Le premier mouillage a sur la corde une action importante qui fait glisser les fibres les unes sur les autres et permet ce premier allongement considérable. Cet effet ne se produit pas par l'humidité atmosphérique ordinaire, dans laquelle une corde n'ayant pas subi le premier mouillage déformant, se comporte comme celle-ci pour le second mouillage. L'humidité telle que celle d'une salle de concert par exemple, tend donc à raccourcir les cordes, et les instruments ne changeant pas de dimensions, les cordes subissent de ce fait un supplément de tension que l'appareil a permis de mesurer facilement.

Les instruments à cordes dans un orchestre ont donc une tendance à monter et à suivre le mouvement des instruments à vent qui montent pour une tout autre raison, basée sur l'échauffement de la colonne d'air vibrant et la diminution de sa densité.

Au moyen de ces résultats, et en admettant, à la suite d'un essai avec des longueurs de cordes à peu près bonnes, une série de diamètres donnant la raideur à laquelle les doigts des harpistes étaient habitués, il fut facile de calculer la longueur exacte de chaque note, employant une corde dans les meilleures conditions de tension.

Une des extrémités de chaque corde étant sur la table d'harmonie, c'est-à-dire sur une ligne droite, on en déduisit la courbe de la tête de la harpe.

Une première harpe fut construite d'après le plan ainsi obtenu; les cordes étaient fixées à la table au moyen de boutons comme dans les harpes ordinaires, la tête ou crosse était en bois armé de tôle d'acier. Il fut impossible de l'accorder, la table cédant sous la tension des cordes. Il fallut changer de système; dans la seconde harpe, les cordes traversaient la table en y subissant un coudage et allaient s'accrocher à un sommier de bois fixé au fond de la caisse. Cette harpe put s'accorder, mais les cordes cassaient à chaque instant. On était sûr pourtant qu'elles étaient employées à une tension prudemment inférieure à la limite de rupture.

On fut ainsi conduit à attribuer ces ruptures aux déformations de l'instrument, et on eut recours encore à un appareil enregistreur à cylindre, qui indiqua des mouvements très sensibles de la crosse, mouvements tendant tantôt à augmenter, tantôt à raccourcir les longueurs des cordes. Ces mouvements suivaient manifestement les indications de l'hygromètre.

Le bois paraissait donc devoir être abandonné. Pour en avoir le cœur net, M. Lyon me fit établir une harpe en acier fondu. Une harpe ainsi construite donna de bons résultats, l'accord se maintenait parfaitement et pendant une nuit d'orage où les grandes variations hygrométriques firent casser 14 cordes à une harpe à pédales de fabrication récente, aucune corde ne cassa. Le problème était théoriquement résolu, mais l'instrument, malgré l'adjonction de roulettes, n'était pas transportable facilement.

Nous occupant à ce moment de l'aluminium pour divers motifs de décoration, nous eûmes l'idée de l'appliquer à la construction de la harpe; je fus chargé de cette étude et dus faire de nombreux essais, pour lesquels M. Maillard, directeur de la Société française de l'Aluminium, me rendit les plus grands services. On obtint finalement un alliage présentant, sans détriment de la légèreté, la résistance et surtout la raideur nécessaires pour former la crosse et le sommier d'accroches, deux pièces qui, réunies par une légère colonne d'acier creux, donnent un triangle pratiquement indéformable sous les tensions normales et sous les suppléments de tension dus aux variations hygrométriques.

Je n'insisterai pas sur les modifications de détail successives que dut subir cet instrument, pour avoir une forme plus agréable et plus ornée et pour en augmenter la sonorité.

Il est assez naturel que des cordes ne faisant que traverser une table d'harmonie ne donnent pas le même timbre que des cordes tirant directement sur cette table. Les essais portèrent surtout sur les dimensions de la table en largeur et en épaisseur, et sur les longueurs des cordes en dessous de la table; ils donnèrent de grandes améliorations, mais pas encore le résultat complet. La table n'était pas assez souple, les longueurs de cordes en dessous de la table étaient nécessairement trop faibles et celle-ci se trouvait pour ainsi dire bridée par ces liaisons non élastiques.

On substitua alors à ces portions de cordes des ressorts à

boudin fixés aux pointes d'accroche et auxquels étaient attachées les cordes. On vit alors la table reprendre toute sa souplesse et le timbre redevenir celui auquel on était habitué dans les harpes à pédales sans détriment de la grande sonorité.

Mais quels ressorts fallait-il employer? Les cordes, coudées à leur passage dans la table, n'y glissent pas facilement et si le ressort a un allongement trop considérable, les cordes en entraînant la table lui donnent un bombement trop considérable et lui font reprendre de la raideur. Il fallait donc des ressorts qui, sous les tensions des différentes cordes, variant de 3 à 50 kilogs, eussent un allongement constant de 3^{mm} environ.

Pour la commodité de la fabrication et vu l'emplacement disponible dans la harpe, je m'arrêtai à un type de ressorts enroulés sur un mandrin de 4^{mm} de diamètre. Les ressorts furent essayés sur l'appareil qui servit déjà aux cordes en boyaux. Les courbes d'inscription donnèrent toujours une ligne d'abord sensiblement droite, puis s'infléchissant assez brusquement. Le point d'inflexion brusque correspond à la tension à partir de laquelle les allongements ne sont plus proportionnels aux tensions, et indique la limite d'élasticité jusqu'à laquelle le ressort peut être employé. En mesurant sur la feuille l'allongement total correspondant, et en le divisant par le nombre de spires et par le nombre de kilogs qui l'a produit, on obtient l'allongement par spire et par kilog. caractéristique du ressort employé.

On sait en effet que pour les ressorts à boudin, l'allongement par unité de tension est proportionnel au nombre des spires, et que l'allongement total est proportionnel à la tension tant qu'on ne dépasse pas la limite d'élasticité.

Une petite modification dut être apportée à l'appareil pour obtenir un débit uniforme de l'eau afin d'assurer la rectilignité de l'inscription des allongements. L'eau au lieu de s'écouler

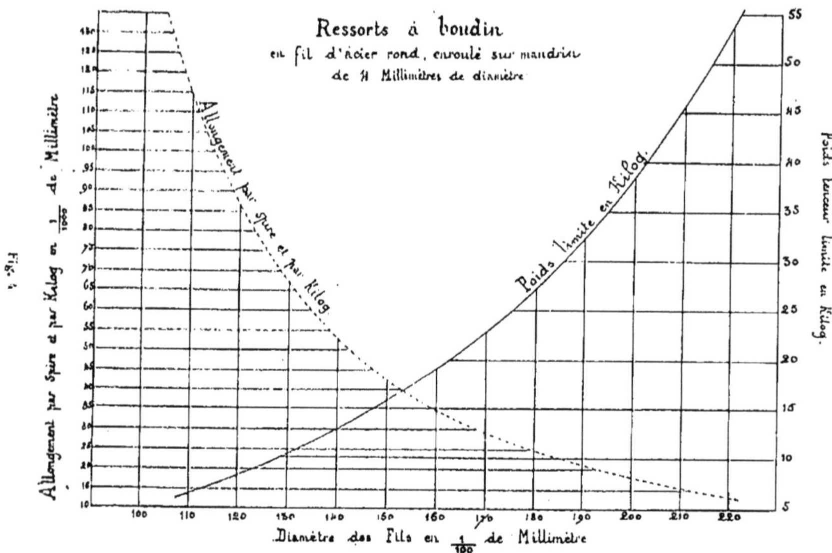

Ressorts à boudin
en fil d'acier rond, enroulé sur mandrin
de 11 Millimètres de diamètre
Fig. 4
Allongement par Spire et par Kilog en 1/1000 de Millimètre
Allongement par Spire et par Kilog.
Poids limite en Kilog.
Poids tenseur limite en Kilog.
Diamètre des Fils en 1/100 de Millimètre.

par le robinet placé au bas du réservoir R, passait par un siphon porté par le flotteur et dont l'orifice se trouvait alors suivre exactement les variations du niveau de l'eau dans le réservoir.

Il existe pourtant dans l'interprétation de ces inscriptions une cause d'erreur tenant à l'allongement permanent. Cet allongement est dû à deux causes : la première se produit assez rapidement et provient de la déformation des bouclettes qui terminent le ressort; cette déformation a lieu progressivement pendant l'inscription rectiligne, et une fois produite ne se répète plus ; l'autre commence à partir de l'inscription infléchie, c'est-à-dire du moment où la limite d'élasticité est dépassée.

Quand cette limite fut établie par les moyennes d'un nombre suffisant d'expériences, on dut, pour étudier les allongements proportionnels, arrêter les expériences à la tension limite, puis décharger le ressort; l'aiguille traçait alors l'allongement dû à la déformation des bouclettes qu'on n'avait qu'à retrancher de l'allongement total.

Ces résultats, contrôlés par un grand nombre d'expériences entreprises sous la direction de M. Lyon par M. Marc Wolff sur des ressorts en acier de Firminy, tels que ceux des cordes de piano, ont été condensés sous la forme des deux courbes indiquées sur la figure ci-jointe (fig. 4) et donnant :

L'une en trait plein, la tension en kilogrammes au-delà de laquelle on ne peut employer un ressort fait avec un fil de diamètre donné, quel que soit d'ailleurs le nombre de ses spires;

L'autre l'allongement par spire et par kilog. d'un semblable ressort.

Connaissant la tension de chaque corde, on peut facilement calculer le diamètre du fil à employer pour chaque ressort, et le nombre de spires à lui donner pour obtenir l'allongement désiré.

Pensant que l'application de ces méthodes d'expériences précises à des recherches devant conduire à des conclusions pratiques pouvait présenter quelque intérêt pour MM. les membres de la Société de Physique, M. Lyon m'a chargé, à l'occasion de cette réunion de Pâques 1899, de les décrire ainsi brièvement et d'en donner les résultats.

R. Canat de Chizy

Ingénieur de MM. Pleyel Wolff Lyon et Cⁱᵉ.

Imprimerie A. Gautherin, 131, rue de Vaugirard, Paris

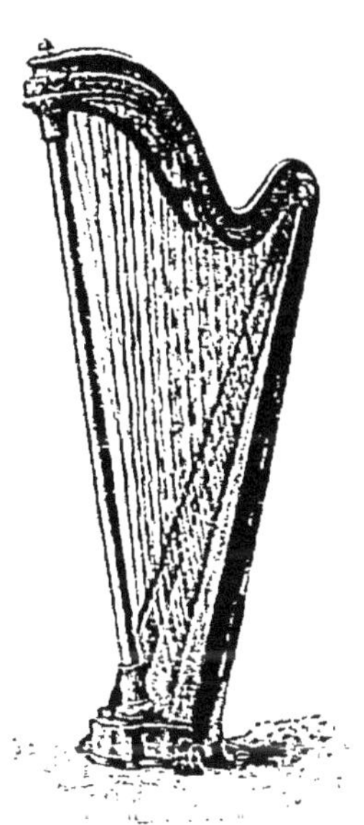